GARAJONAY

Patrimonio Mundial
World Heritage Site · Erbe der Menschheit

José Manuel Moreno

TURQUESA

Fruto de Aceviño

A Conchi, mi inspiración.

PARQUE NACIONAL DE GARAJONAY
José Manuel Moreno, 2011

Colección Canarias: Serie 1
© Publicaciones Turquesa, S.L.
Tel.: 922 24 79 61
publicacionesturquesa@publicacionesturquesa.com
Fotos y textos: José Manuel Moreno.
Pies de fotos: José Manuel Moreno, Ángel B. Fernández.
Foto pág. 57: Domingo Trujillo.
ISBN: 978-84-92648-94-8

Reservados todos los derechos.

$\mathcal{P}$ara poder sentir la magnitud de este Parque hay que adentrarse en su interior sin prisas, prestar atención a los pequeños detalles: un tronco caído, las ramas que cuelgan, la hojarasca, una seta… sólo así seremos capaces de aproximarnos al corazón de esta selva.

$\mathcal{T}$o feel the sheer magnitude of the Park one must venture into it unhurriedly, paying full attention to small details: a fallen tree-trunk, branches suspended in the air, fallen leaves, a mushroom… Only so will we touch the heart of the jungle.

$\mathcal{U}$m die Großartigkeit des Nationalparks erfahren zu Können muss man sich ohne Hast und Eile in inh hineinbegeben und auf die kleinen. Details achten: ein umgestürzter Baum, herabhängende äste, das Blattwerk ein Pilz… nur so gelingt es, in das Herz dieses Urwaldes vorzudringen.

José Manuel Moreno

Violeta (*Viola riviniana*)

Fayal brezal en primavera, monte de La Laguna Grande

GARAJONAY

$\mathcal{E}$l Parque Nacional de Garajonay es un paradigma de conservación. Sus 3.986 hectáreas atesoran los más prodigiosos valores naturales de La Gomera o Isla Colombina. La laurisilva tiene el privilegio de ser la protagonista estelar de este emblemático Parque, creado en 1981 y declarado Patrimonio Mundial por la UNESCO en 1986. Su frondosa vegetación testimonio de otros tiempos, ha quedado aislada en las Islas Canarias, cuyo clima ha logrado que esta reliquia del Terciario sea actualmente orgullo de la Naturaleza Canaria.

Abarca las cumbres centrales de La Gomera, una isla cuajada de profundos barrancos, imponentes roques y feroces acantilados marinos. Pero la existencia de este Parque y de su extraordinaria biodiversidad se debe, en gran medida, a la influencia de los vientos alisios, que tras un largo recorrido descargan su humedad en las laderas más orientadas al norte convirtiendo el bosque en un rico acuífero envuelto en brumas. No sólo las descargas de lluvias contribuyen a crear un bosque tan húmedo y peculiar; la denominada lluvia horizontal (capacidad de condensar la neblina) aporta una considerable cantidad de agua adicional, llegando incluso a los 125 litros por m^2 anuales. El Parque Nacional de Garajonay, aunque dominado por laurisilva alberga también una importante representación de otros hábitats, especialmente rupícola (zona rocosa) y acuícola (barrancos y charcas).

La diversidad vegetal de Garajonay es extraordinaria, no sólo por dar cobijo a más de 400 especies, sino porque muchas de éstas son endemismos canarios o gomeros, algunos incluso exclusivos del Parque. Especial protagonismo adquieren los árboles de gran porte. El laurel (Laurus azorica), la faya (Myrica faya), el brezo (Erica arborea), el til (Ocotea foetens) o el viñátigo (Persea indica) abrazan a una no menos interesante representación de helechos, líquenes, musgos, hongos, hierbas y arbustos.

Aunque la flora sea indiscutible en Garajonay, su aislamiento durante millones de años ha dado refugio a una no menos interesante representación animal. Con más de 1.000 especies de invertebrados, la mayoría endémicas, y 38 vertebrados convierten a este pequeño territorio en un patrimonio natural de incalculable valor científico.

Si bien los insectos tienen el privilegio de haber alcanzado los niveles más altos de diversidad y abundancia, son las aves las que saltan a primera vista. La paloma turqué y paloma rabiche gozan del título de ser las joyas indiscutibles de este Parque. Descendientes de una ancestral paloma, han quedado aisladas durante miles de años en los límites de la laurisilva, haciendo posible el milagro de convertirse en especies únicas en el mundo.

La historia geológica del Parque ha quedado reflejada en su semblante. La erosión ha dejado al descubierto los diques por donde en otras épocas fluyó la lava. Los Roques de Ojila, La Zarcita o Aganto son pruebas de un pasado de intensa actividad volcánica.

Todo el Parque despliega formidables panorámicas desde los numerosos miradores, pero es desde el Alto de Garajonay donde se percibe toda su magnitud, con el resto de las islas como telón de fondo.

En La Gomera el hombre ha sabido convivir con el Parque en perfecta simbiosis. Las actividades y usos tradicionales han sido casi siempre compatibles con la conservación.

Garajonay es un lugar único, un territorio de excepcional riqueza biológica y paisajística capaz de sorprender al visitante, un legado que se encuentra en precario equilibrio, pero del que, por suerte, podrán heredar las generaciones futuras

Raso de La Bruma

GARAJONAY

$\mathcal{T}$he Garajonay National Park is paradigm of conservation. Its 3,986 hectares are home to the most prodigious natural treasures of La Gomera or the Columbian Island. The laurel forest has the privilege of being the star element in this emblematic Park, created in 1981 and declared a World Heritage Site by UNESCO in 1986. Its luxuriant vegetation, a relic of past times, has remained isolated in the Canary Islands, whose climate has managed to maintain this remnant of the Tertiary Period which is now the pride of Canarian plant life.

It covers the central highlands of La Gomera, an island that is full of deep ravines, impressive rocks and sheer cliffs at the edge of the sea. But the existence of this Park and its extraordinary biodiversity is due in large part to the influence of the trade winds, which after a long journey over the sea unload their water content on the easternmost mountainsides in the north making the forest a rich aquifer shrouded in mist. It is not only the rain which contributes to creating such a damp and unusual woodland; the so-called horizontal rain (the capacity to condense the mist) contributes a considerable quantity of additional water, which may reach as much as 125 litres per square metre yearly. The Garajonay National Park, although it is dominated by the laurel forest or laurisilva also houses a significant representation of other habitats, especially rocky and aquatic ones (ravines and pools).

The diversity of the plant life in Garajonay is extraordinary, not only as it shelters over four hundred species but because many of them are Canarian or Gomeran endemisms, some of which are even exclusive to the Park. The trees of large stature acquire special importance. The laurel (Laurus azorica), faya (Myrica faya), heather (Erica arborea), the til (Ocotea foetens) or the viñátigo (Persea indica) embrace a no less interesting representation of ferns, lichens, mosses, fungi, grasses and shrubs.

Although the flora is fabulous in Garajonay, the isolation during millions of years has given refuge to a no less interesting animal population. With over 1,000 invertebrate species, most of which are endemic, and thirty-eight vertebrates, this tiny territory is a natural heritage of incalculable scientific value.

Although the insects have the privilege of having achieved the highest levels of diversity and abundance, it is the birds that catch the eye. The Bolle's laurel pigeon and the white-tailed laurel pigeon are the undoubted jewels of this Park. Descendants of an ancestral pigeon, they have remained isolated during thousands of years at the limits of the laurel forest, with the result that they have become species that are unique in the world.

The geological history of the Park is reflected in its appearance. Erosion has uncovered the dikes through which, in other times, the lava flowed. The Rocks of Ojila, La Zarcita and Aganto are evidence of intense volcanic activity in the past.

The entire Park displays stupendous panoramas from the numerous viewing points but it is from the Alto de Garajonay that it can be perceived in all its magnitude, with the rest of the islands as the backdrop.

On La Gomera, man has co-existed with the Park in a perfect symbiosis. Traditional uses and activities have almost always been compatible with conservation.

Garajonay is a unique location, a territory of exceptional biological and scenic treasures which is capable of surprising the visitor, a legacy which is in precarious equilibrium, but which future generations will fortunately be able to inherit.

Escarabajo (*Broncus crassimargo*)

GARAJONAY

$\mathcal{D}$er Garajonay Nationalpark ist ein Musterbeispiel für den Naturschutz. Auf einer Fläche von 3.984 Hektar befinden sich die wunderbarsten natürlichen Werte von La Gomera, die auch die Kolumbus-Insel genannt wird. Der Lorbeerwald genießt das Privileg, Protagonist dieses emblematischen Parks zu sein, der 1981 gegründet und 1986 von der UNESCO zum Weltnaturerbe erklärt wurde. Seine dichte Vegetation, Zeuge vergangener Zeiten, ist auf den Kanarischen Inseln isoliert worden, deren Klima es ermöglicht, diese Reliquie aus dem Tertiär in den derzeit größten Stolz der kanarischen Natur zu verwandeln.

Er umschließt die zentralen Gipfel von La Gomera, eine Insel, die von tiefen Schluchten, imposanten Felsen und einer wilden Steilküste geprägt ist. Doch die Existenz dieses Parks und seine außergewöhnliche Lebensvielfalt sind größtenteils dem Einfluss des Passatwindes zu verdanken, der nach langer Reise seine Feuchtigkeit an den nordwestlichen Hängen entlädt und den reichlich wasserführenden Wald in Nebel umhüllt. Doch nicht nur die Regenfälle tragen zur Feuchtigkeit und Eigentümlichkeit des Waldes bei; auch der so genannte horizontale Regen (Kapazität, Nebel kondensieren zu lassen) sorgt für eine beträchtliche Extramenge an Wasser. Diese erreicht jährlich bis zu 125 Liter pro Quadratmeter. Der Garajonay Nationalpark wird zwar vom Lorbeerwald dominiert, er beherbergt jedoch auch noch andere bedeutende Lebensräume, darunter vor allem Felszonen und Wassergebiete (Schluchten und Teiche).

Die Pflanzenvielfalt im Garajonay ist außerordentlich groß. Unter den mehr als 400 Arten befinden sich zahlreiche Endemiten der Kanaren bzw. von La Gomera. Einige davon kommen sogar nur in diesem Park vor. Besonders auffällig ist das Vorkommen hochwüchsiger Bäume. Der Azoren-Lorbeer (Laurus azorica), der Gagelbaum (Myrica faya), die Baumheide (Erica arborea), der Stinklorbeer (Ocotea foetens) oder die Indische Persea (Persea indica) überwachsen eine nicht minder interessante Repräsentation von Farnen, Flechten, Moosen, Pilzen, Kräutern und Sträuchern.

Aufgrund der Millionen Jahre langen Isolation finden wir in Garajonay neben der bedeutenden Flora auch eine höchst interessante Tierwelt. Über 1.000 wirbellose Tierarten, die Mehrheit davon endemisch, und 38 Wirbeltierarten machen aus diesem kleinen Territorium ein Naturerbe von unschätzbarem wissenschaftlichen Wert.

Wenngleich die Insekten das Privileg genießen, den höchsten Grad an Vielfalt und Populationen erreicht zu haben, sind es doch die Vögel, die uns zuerst ins Auge fallen. Die Lorbeertaube und Bolles Lorbeertaube sind besonders wertvolle Arten des Parks. Sie sind Nachfahren einer vorzeitlichen Taubenart und leben seit Tausenden von Jahren innerhalb der Grenzen des Lorbeerwaldes isoliert von der Außenwelt. Es handelt sich dabei um weltweit einzigartige Spezies.

Die geologische Geschichte des Parks spiegelt sich in seinem äußeren Erscheinungsbild wider. Die Erosion hat die vulkanischen Dykes freigelegt, durch die in vergangenen Epochen Lava hindurchgeflossen war. Los Roques de Ojila, La Zarcita und Aganto sind Beweise für eine intensive vulkanische Aktivität in der Vergangenheit.

Die Aussichtspunkte des Parks bieten zahllose atemberaubende Panoramablicke, doch besondere Erwähnung verdient hier el Alto de Garajonay. Von hier aus genießen wir einen großartigen Blick auf den Park, mit den übrigen Inseln als Bühnenbild im Hintergrund.

Auf La Gomera hat der Mensch gelernt, in perfekter Symbiose mit dem Park zu leben. Seine Aktivitäten und traditionellen Gebräuche standen so gut wie immer schon mit der Erhaltung des Parks in Einklang.

Garajonay ist ein einzigartiger Ort mit einem außergewöhnlichen biologischen und landschaftlichen Reichtum, der einerseits in der Lage ist, den Besucher zu überraschen, andererseits aber auch ein empfindliches Gleichgewicht besitzt. Doch glücklicherweise kann man heute mit Sicherheit sagen, dass auch noch zukünftige Generationen viel Freude mit ihm haben werden.

Laurisilva de Ladera

Fronde de helecho (*Dryopteris oligodonta*)

Seta (*Psylocybe fasciculare*). Pág. 18-19: Monteverde con brezo

PREPARQUE Y LA GOMERA

*E*n este pequeño grupo de casas, pegadas al Parque Nacional, sus habitantes viven de la agricultura tradicional y de la ganadería. Algunos lo combinan con la artesanía de la madera, en la que destaca la elaboración de morteros y chácaras.

*I*n this small group of houses, right next to the National Park, the inhabitants live off traditional farming and livestock activities. Some combine this with wood crafts, including saddles and "Chácaras" (Gomera castanets).

*D*ie Menschen dieser Kleinen, am Rand des Nationalparks gelegenen Häusergruppe leben von traditioneller Land-und Viehwirtschaft. Manche von ihnen haben einen zusätzlichen Broterwerb im Kunstahndwerk gefunden, indem sie vor allem Trachtenhüte und Chácaras herstellen.

Las Hayas

Caserío del Cedro

Chipude

Igualero

El Ingenio, Vallehermoso.   Silbo gomero

Chorros de Epina.   El cercado

Mériga, Agulo.   Centro de visitantes, Juego de Bolas

PARQUE NACIONAL
NATIONAL PARK
NATIONALPARK

*E*sta selva, con frecuencia sumergida en la niebla es fruto de los vientos del norte cargados de humedad. El Parque Nacional de Garajonay protege a una selva impenetrable en sus zonas vírgenes.

*T*his jungle is invariably submerged in fog and mist, as a result of northern winds packed with moistune. Garajonay National Park protects a jungle that is impenetrable in unexplored areas.

*D*er häufig von Nobelschwaden durchzogene Wald lebt von den Feuchtigkeit mit sich fihrenden Nordwinden. In Schutze der Wälder des Garajonay-Nationalparks verbergen sich undurchdringliche, vom Menschen unberührte Naturschätze.

LOS ROQUES

AGANDO, OJILA Y LA ZARCITA

*L*os Roques son un conjunto de imponente domos volcánicos que destacan sobre el relieve del Parque, componiendo uno de sus más espléndidos escenarios.

*L*os Roques are a series of magnificent volcanic domes that stand out in the Park´s landscape as one of the most splendid views.

*L*os Roques ist eine Landschaft von beeindruckenden Vulkankuppeln, die über dem Nationalpark thronen und eine seiner herrlichsten Zonen bilden.

Vasijas aborígenes, talladas en piedra, localizadas en lo alto del Roque Agando
Aboriginal pats sculpted in stone, located in Roque Agando
In Stein gemeißelte Gefäße der Ureinwohner, gefunden bei Roque Agando
Pág. 35: Canela Estriada (*Lampides boeticus*) · *Long-tailed blue* · Großer Wanderbläulin

ALTO DE GARAJONAY

*E*l Alto de Garajonay es la cumbre más elevada del Parque y de la Gomera.

*A*lto de Garajonay (Garajonay´s peak) is the highest point in the Park and on the island.

*D*er Alto de Garajonay ist der höchste Gipfel des Nationalparks und ganz La Gomera

Santurario aborígen
Aborigial sanctuary
Heilige stätte der Ureinwohner
Dcha.: *Coprinus micaceus*

BOSQUE DE EL CEDRO

Donde el agua corre todo el año
Where the water runs throughout the year
Da, wo das Wasser das ganze Jahr hindurch fließt

Aunque fuera del monte no llueva, aquí todo rezuma humedad
Rainfall is rare outside the forest, but everywhere is awash with humidity
Obwohl es außerhald des Bergwaldes nicht regnet herrscht in ihn ständig eine hohe Feuchtigkeit

No me Olvides (*Myosotis latifolia*)

Hemicycla sp, molusco endémico de Garajonay
Hemicycla sp, a mollusc native to Garajonay
Hemicycla sp, endemisch Weichtier des Garajonay

Cascada de El Cedro
Waterfall at El Cedro
Der Wasserfall von El Cedro

Barranco de El Cedro

Ermita de El Cedro, custodiada por el bosque
Ermita de El Cedro, guarded by the forest
Ermita de El Cedro, im Schutze des Waldes

Morchella conica

La madera muerta, esencial para el mantenimiento de la biodiversidad del bosque
Wood is essential in maintaining the forest´s biodiversity
Das Fallholz ist von größter Bedeutung für den Erhalt der biologischen Artenvielfalt *des Waldes*

Pinzón Vulgar (*Fringilla coelebs*)

Paloma Turqué (*Columba bollii*). Joya de este Parque
Bolle´s Pigeon. One of the Park´s gems
Silberhalstaube. Ein Juwel des Nationalparks

LA LAGUNA GRANDE

*H*oy es la principal zona recreativa del Parque.

*A*l present, it is the main leisure area in the Park

*H*ente befindet sich in ihr der wichtigste Rast-und Erholungsplatz des Nationalparks.

Morgallana (*Ranunculus cortusifolius*). Patagallo (*Geranium canariense*)
Algaritofe (*Cedronella canariensis*). Magarza (*Argyranthemum* sp.)
Dcha.: Abejorro (*Anthophora alluaudi*)

LA MESETA DE VALLEHERMOSO

*L*a Meseta de Vallehermoso conserva uno de los bosques de tilos más impresionantes de Canarias.

*T*he Meseta de Vallehermoso is plateau is home to one of the most impressive woods of Tilosin the Canary Islands.

*D*ie Meseta von Vallehermoso bewahrt einen der beeindruckendsten Til-Wälder der Kanaren.

Esquilonera (*Canarina canariensis*)
Dcha.: Ranita Meridional (*Hyla meridionalis*)
Stripeless Tree Frog
Mittelmeer-Laubfrosch

RASO DE LA BRUMA, LAS CRECES OTRAS ZONAS

Raso de La Bruma

Las Creces. Izqda.: Saltamontes sin alas (*Acrostira bellamyi*)
Un bello endemismos, joya del Parque
One of the Park´s loveliest endemic gems
Ein Juwel des Parks unter den Endemiten

Hojarasca de viñatigo. Dcha.: Mériga.

Grandes cepas de viñátigos centenarios
Considerable groups of centenary Indian bay trees
Riesige Baumstrünke Jahrhunderte alten Kanarischen Mahagonis

Hongo (*Laetiporus sulphureus*)

Presa de Mériga

El Rejo

El Parque Nacional de Garajonay protege una selva, impenetrable en sus zonas más vírgenes
Garajonay National Park protects a jungle that is impenetrable in unexplored areas
Im Schutze der Wälder des Garajonay-Nationalparks verbergen sich undurchdringliche,
vom Menschen unberührte Naturschäfze